這樣做 創意 手作
孩子超有成就感

簡易的製作方式，方便取得的素材，成為孩子、各年齡層都可以玩的超成就感創意手作。

作者／汪菁 Ching Wang

親子這樣玩，孩子超有成就感

鼓勵孩子動手做的好處

　　鼓勵孩子創作，是給孩子最好的成長禮物。創作時，需透過左右腦並用、手眼的協調運動，同時鍛鍊孩子的種種能力，例如：細微的觀察力、抽象的思維能力、知識的整理與組織力、創意的發想力、思考並解決問題等多元的能力。最有效的學習莫過於實際操作的經驗。例如：用瓶罐做個燈，認識了透光與不透光材質的材料學、光照射方向和投影方向的關係、光和物體圖案的距離與投影出來的影像大小關係、色彩和造型搭配的美感、燈具與媒材的組裝和運用。因此，「動手做」實現的不只是最後獨特的作品，過程中自發的學習、體驗和發現、實作的收穫，能得到更多知識與各種可能性。兒童教育家蒙特梭利曾說過：「我聽見，但隨後就忘了；我看到，也就記得了；我做過，我就理解了。」想讓孩子更聰明快樂的學習，不需花大錢、舟車勞頓，現在就打開書，和孩子一起玩創意手作吧！

孩子的超成就感創意遊戲

　　孩子的超成就感創意遊戲，將原本需專門技術的拼布、版印、金工、馬賽克、蝶谷巴特、金屬押花、噴砂玻璃等創作，以生活隨手可得的素材製作，並將製作方式與過程簡化為孩子也能操作、各年齡層皆可玩的超成就感創意遊戲。適合家庭共玩，也適合學校教學活動。

與孩子玩創作的趣味與注意事項

- 與孩子玩創作活動重在互動，應是著重製造愉快的記憶，愉快的氣氛是學習的啟動器。
- 因孩子的年齡和發展的不同而有不同的互動。例如：「剪」這個動作，孩子成長發展約3歲會剪直線，約4歲開始能剪圓，那麼想要3歲孩子剪圓就不適當。材料與工具的選擇也須符合孩子的成熟度，例如：大孩子能用雕刻刀刻印章，但雕刻刀對小小孩卻很危險，用鉛筆在軟軟的珍珠板或是地瓜等上畫，才符合小小孩的需要。使用本書創作，可參考「難易程度分級標示」，以及對孩子的了解來選擇活動。
- 重點既是在於互動，重心便應避免只著重追求「成人標準」的成品美觀與完整。活動中孩子獲得的能力與成就感才是重要的，如果為了美觀而幫忙做，就失去了意義。
- 了解孩子現階段發展，一次只設定一種簡單且適合目前孩子發展或想互動的重點，例如：希望孩子多表達想法，促進語言發展，多和孩子交談與鼓勵。如果覺得孩子精細動作需再加強，可選些讓孩子多些手指部位操作的素材活動。目標漸進、活動時間長度漸進。
- 盡可能使用家中常有的素材，減少購買。本書提供的創意點子素材與運用方式可依個人喜好與現有材料調整和改變，讓創意的運用成為生活的樂趣。

關於這本書

　　本書為了讓大家能運用身邊方便取得的素材隨時享受手作的樂趣，設計將家中常見素材分類，再列舉同一類別不同的創意點子，以提供多樣的可能性，激發讀者產生自己的創意點子。讀者可依個人喜好與現有材料調整和變化，不須刻板模仿。並按製作方式的難易程度編排，讓不同年齡與能力的讀者都能開心玩創作。創意與便利的發明往往來自生活，希望這本書能讓創意的運用成為大家日常生活的一部分，也能為大家增添許多的生活樂趣。

常見素材

塑膠類、鐵鋁類、玻璃類、紙類容器
塑膠筒・提把塑膠罐・鋁罐・食品紙罐・塑膠杯・新鮮屋紙盒・玻璃杯・玻璃罐・玻璃瓶・保麗龍餐盒・塑膠盒

美勞繪畫用具、家庭修繕工具、黏著劑
油性筆・保麗龍膠・透明膠帶・雙面膠・廣告顏料・壓克力顏料・披土・白膠・黏土・透明漆・金屬用透明漆・環氧樹脂・硬化劑・指甲油・多次黏口紅膠・印臺

舊衣、布類
緞帶、鬆緊帶・舊衣、布料・商家或活動贈送等購物袋

生活收集品
舊時鐘機芯・紀念物品・施工剩餘磁磚・園藝彩色石頭・釦子・亮片・珠子・透明珠子、玻璃珠・配件・金屬線・手作工藝品・玩具・玩偶

紙類
筆記本・年誌・手帳本・糖果紙・糖果玻璃紙・色紙・貼紙・廣告DM・舊雜誌・包裝紙・包裝色棉紙・衣襯卡紙・有色紙張・紙箱・紙盒・點點貼紙

自然收集物
樹枝・果實・蛋殼・石頭・貝殼・花朵・野花・野草・乾燥植物

難易程度分級標示

⭐⭐⭐ 適合幼兒或以上，簡易，短時間可完成。
⭐⭐⭐ 適合小兒童或以上，完成時間約半日。
⭐⭐⭐ 適合大兒童或以上，完成時間較長。

安全警示

❗ 不適合幼兒單獨時操作，需成人在旁注意或協助的安全警示。

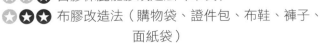

目次 CONTENTS

CONTENTS 目次

可配合元宵節活動

用瓶瓶罐罐做個燈

用家中常見的透明瓶罐，運用材質透光與不透光的特性設計投射的圖案，做個漂亮的瓶燈。

紙花燈籠
糖果玻璃紙投影走馬燈
音樂盒彩繪投影走馬燈
鑲金邊的彩繪變色桌燈
鑲金邊的彩繪手提燈

家中常見素材
塑膠筒
玻璃瓶
有提把的糖果餅乾筒
紅包袋或紙張、透明塑膠片或投影片
糖果玻璃紙
色紙或有背膠色紙
音樂盒
三明治袋或塑膠瓶
*元宵節燈籠燈具再運用提燈燈把或LED燈

材料和工具

油性筆
透明膠帶
剪刀
金色廣告顏料
白膠
保麗龍膠
尖頭塑膠瓶

紙花燈籠 ★★★

1 將打開的紅包袋或薄紙對折再對折。

2 剪出花紋。

3 蓋子以刀片割出十字，插入燈提把。❶

4 剪好圖案的紙花放入塑膠筒中。

5 打開提燈電源，就可提著燈籠遊街。看它投射在四周的花紋，真是熱鬧！

1

將糖果包裝玻璃紙或玻璃紙貼於透明塑膠罐中。玻璃紙也可裁剪造型，並可局部重疊，會有混色效果呢！

2

用深色不透光的紙，剪出喜愛的造型，貼於透明塑膠罐外。可以主題構思內容。如火車、鐵路、號誌。又如海洋、魚、螃蟹、水草⋯⋯。

註：不透明的材料會遮蔽光線形成圖案，透明的材料和色彩則可從燈光投射出來。

3

還可與燈和音樂盒組裝在一起。

1 將 LED 燈固定於蓋上。 ❗

2 在透明塑膠片或投影片上以油性筆畫圖案。不透光處選用深色筆來畫。

3 將畫好圖案的塑膠片,放入透明塑膠筒中,方便日後更換。若不想更換,可直接在透明罐上彩繪。

4 和音樂盒用透明膠帶組合,聲光皆具的音樂盒投影走馬燈就完成了。

1

以油性筆彩繪罐外。

2

以金色廣告顏料＋白膠調勻，裝
入尖頭塑膠瓶或三明治塑膠袋剪
開角落擠出輪廓線。

3

瓶中放入會變色 LED 燈。

4

酷炫的變色桌燈！

1

以油性筆彩繪圖案於塑膠罐外。
以金色廣告顏料＋白膠，裝入罐
中或三明治塑膠袋剪開角落擠出
輪廓線裝飾。乾燥後金色線條會
凸出像鑲金邊一般。

2

依照燈具不同來組裝。圖中是自
然課實驗後的燈泡組，剛好有魔
鬼氈可固定。

3

試試看，是否通電。即可完成了！

4

很適合夜遊的手提燈。

會説話的
燭台

透明玻璃上的圖案和文字，藉由燭光投影在外層霧面玻璃上，燭光忽明忽暗，文字就忽大忽小，就像在説著悄悄話呢！

剪貼＋書寫文字法燭台 ⋯⋯⋯⋯

刻字法燭台 ⋯⋯⋯⋯

剪貼＋刻字法燭台 ⋯⋯⋯⋯

家中常見素材
色紙
色貼紙
點點貼紙
透明玻璃杯
霧面玻璃杯
（透明玻璃杯大小要能
放入霧面玻璃杯中）

材料和工具
油性筆
剪刀
保麗龍膠
廣告顏料
壓克力顏料
海綿
顏料盤
竹籤或尖頭物品

1 將色紙剪下喜愛的圖案貼在透明玻璃杯上。

2 有背膠的色紙直接撕貼，無背膠的色紙以保麗龍膠黏貼。

3 用油性筆在玻璃杯上寫下文字。

4 畫出或寫出想說的悄悄話。

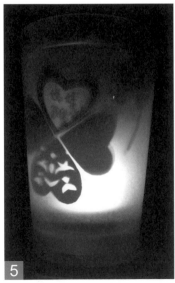

5 放入霧面杯，點上蠟燭。❶

註：蠟燭有熱度須注意防燙❶可以 LED 燈替代。但二者效果不同，蠟燭投影出來的字會隨燭光有忽大忽小的變化，LED 燈則投射出大小固定的圖案。

3

放入霧面玻璃杯中，點上蠟燭。❶杯子投射出「心想事成」的聲聲祝福。

1

海綿剪成方便使用的大小，以海綿拍上廣告顏料。

2

顏料乾後可用竹籤或尖頭物品刻字。

若無霧面玻璃杯時，可以壓克力顏料稀釋後擰乾薄薄拍上玻璃杯，即可有霧面玻璃杯效果。

剪貼＋刻字法燭台

也可以運用剪貼法和刻字法來創作。放入霧面杯，點上蠟燭。❶燭光搖曳，就像在說悄悄話。

噴砂玻璃與琉璃選美

您喜歡朦朧美的噴砂玻璃，還是有著琉璃光澤的玻璃呢？看看怎麼樣可以用身邊素材營造出玻璃不同的質地和光澤吧！

噴砂玻璃之美
琉璃光澤之美

家中常見素材
色紙
廣告紙
廢紙
玻璃瓶罐

材料和工具
鑷子
重複貼口紅膠
剪刀
透明漆
壓克力顏料
海綿
噴漆

1 正方形紙張，往對角對折再對折，剪些紙花。

2 打開後塗上重複貼口紅膠。

3 貼於玻璃瓶。

4 海綿沾少許壓克力顏料，要注意海綿要在容器邊緣刮一刮，要看得到海綿的孔洞，顏料厚度才適中。

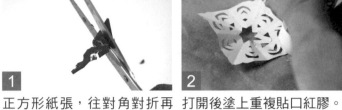

5 輕輕於罐上薄薄的拍上顏料，海綿孔洞拍打形成噴砂質地。

6 待乾以鑷子工具將紙花去除。

7 噴砂質感的霧面玻璃瓶完成。

琉璃光澤之美

1

2

若要營造透明琉璃質感，可先以上面噴砂玻璃步驟做完，再塗上透明漆。

待透明漆乾燥，光澤就像玻璃燒製後透明質感的玻璃瓶。

噴砂玻璃之美

1

2

較大的孩子可剪較複雜造型，顏色也可選擇不同的。

將遮蔽圖案以鑷子揭除。

3

噴砂玻璃瓶。

噴漆也可以營造出噴砂玻璃的質感。

馬賽克
拼貼

馬賽克一定要用磁磚嗎？填縫泥一定是白色的嗎？珠子、釦子，甚至是樂高都可以做馬賽克磚，連幼兒也能玩的馬賽克，顛覆你的想像！

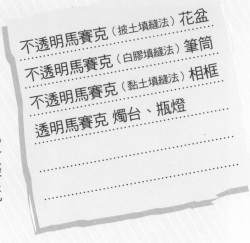

不透明馬賽克（披土填縫法）花盆
不透明馬賽克（白膠填縫法）筆筒
不透明馬賽克（黏土填縫法）相框
透明馬賽克 燭台、瓶燈

家中常見素材
飲品塑膠杯
玻璃杯
種花彩石
玻璃珠
釦子
珠子
相框

材料和工具
廣告顏料
白膠
保麗龍膠
披土
夾子
黏土

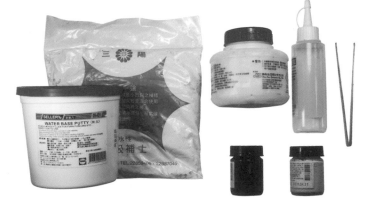

不透明馬賽克（披土填縫法）

1 披土填縫法。

2 披土約 40 分鐘才會乾，足夠幼兒用鑷子夾彩石拼貼（示範：彩石、釦子當馬賽克磚）。

3 排列出喜愛的圖案後，彩石表面可以棉花棒沾水清潔。

4 待乾即完成。

不透明馬賽克（白膠填縫法）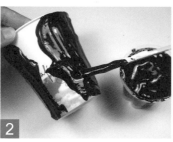

1 白膠乾了是半透明的，因此可以調些廣告顏料，若要白色則加白色顏料，若要黑色則用黑色顏料。

2 塗布白膠＋顏料，約 10 分鐘再將磚壓上（示範：磁磚、彩石、樂高當馬賽克磚）。

3 表面可用竹籤等刮乾淨弄髒處。

4 待乾即完成。

★ 參考作品：花盆、筆筒 ★

不透明馬賽克（黏土填縫法）

1

相框塗上些許白膠，將黏土平鋪於上。

2

在想要鋪圖案的地方上白膠。

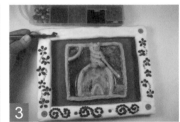

3

拼貼鈕子、玻璃珠等。

4 完成相框。

★ 參考作品：相框 ★

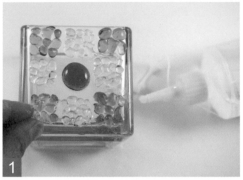

1

彩色透明玻璃珠當馬賽克磚以保麗龍膠黏上。

2

四面皆可設計。

註：可用彩石與玻璃透光度的反差來造型，別有一番趣味呢！

★ 參考作品 ★

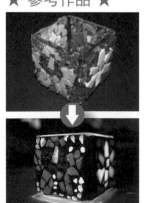

3

放上燭台，波光粼粼。❶ 幼兒可改放 LED 燈，可免燙傷危險。

不需針線的
拼布畫

拼布畫真漂亮！但對縫工沒有自信，或
是年紀太小不適合用針線的小孩怎麼辦
呢？用保麗龍餐盤和碎布製作，即可做
出不用針線既簡單又美觀的拼布畫呢！

家中常見素材
畫框或相框
保麗龍餐盤或珍珠板
布
廣告紙

材料和工具
保麗龍膠
剪刀
布用剪刀
竹籤
鉛筆
簽字筆
複寫紙

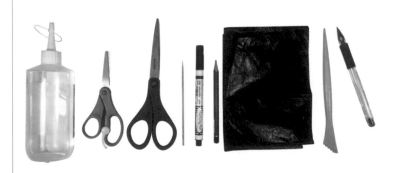

1 在廣告 DM 廢紙上打稿,再用複寫紙描於畫框底板。

2 廣告上的畫稿以雙面膠暫時固定於保麗龍餐盤,沿邊剪下。

3 布剪得比保麗龍板大些,沿著邊剪些線,以便包覆不規則的邊。

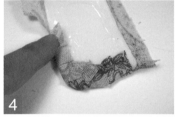

4 邊緣塗上保麗龍膠,將布包覆貼牢。

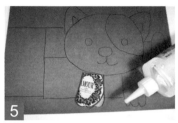

5 貼於畫框底板,每一部分皆以此法完成。

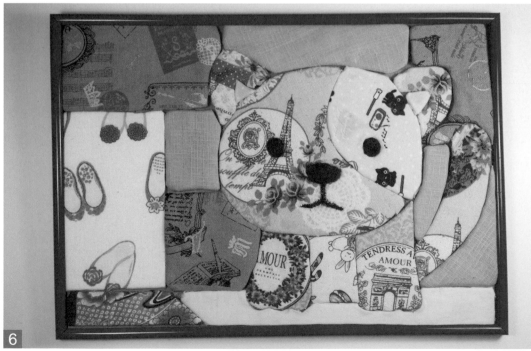

6 這個方法不需針線,幼兒也能做。且邊與針縫凹下相似。

1

在廢紙上打稿並複寫於保麗龍餐盤上。

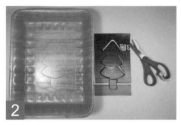

2

草稿剪下。

3

以雙面膠固定在布上。

4

布留比草稿邊約多 0.1 公分。

5

將保麗龍膠上於保麗龍餐盒圖稿輪廓。

6

將草稿揭除，將布邊用竹籤或無水原子筆等尖物塞入保麗龍餐盒線稿中。

7

每一部分都先在輪廓線上膠後再將布塞入輪廓線中。

8

直至完成拼布畫。

完成拼布畫。

完成後可用盤架或畫框展示。

布貼布妝點換新裝

白膠保麗龍膠改造法：筆袋
布膠改造法：購物袋、證件
包、布鞋、褲子、面紙袋

當布類用品舊了、衣服噴到了墨水、漂白水、褲子破了、收到圖案不喜歡的布包怎麼辦？布貼布換新裝變新歡。

家中常見素材
喜愛圖案的布
布手提袋、環保袋
布鉛筆盒

材料和工具
保麗龍膠
白膠
裝膠用容器
防水布膠
布貼布布膠或萬用膠
布用剪刀

白膠保麗龍膠改造法

1 白膠加水調勻。

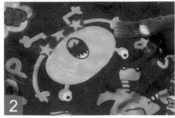

2 塗於布面待乾。

3 塗上膠後剪布就不會有毛邊了！

4 剪下圖案。

註1 左邊是直接剪的布有毛邊，右邊是上膠後的布，剪下時不會有毛邊！

註2 年紀小的幼兒不須要求沿圖案邊剪造型，剪不規則、長方形……皆可。

5 上保麗龍膠在圖案背面。

6 貼在布上加壓。

7 完成後，像新的鉛筆盒一樣，用同樣的方法可以將舊物或不喜歡圖案的布製品作改造。

1

需要下水清洗的物件，可用防水布膠（防水布膠是文具店蝶谷巴特用品，也可用白膠水替代。）塗在布的表面待乾。

2

待乾後剪下。

3

於背面塗上布貼布布膠（文具店蝶谷巴特用品。或者有標示防水、布類可用的萬用膠也可。）

4

貼上布提袋上加壓。

5

布貼布布膠以熨斗燙平。❗萬用膠則不需要燙。

6

完成自己設計的提袋。

★ 褲子、鞋子、證件包、面紙袋參考作品 ★

一編就上手的
編織小物

編織可學習順序、記憶、專注，透過控制手的力量使編織的距離能疏密適中。可作為手環、髮圈、腰帶、項鍊等實用物品。

布手環 ....
緞帶手環 ....
....
....
....
....

家中常見素材
布料條
緞帶
手環配件

材料和工具
釘書機
老虎鉗
燕尾夾等夾子

1 將布條對齊，起頭用釘書機釘好固定。

2 也可以夾子固定。

4 像綁辮子一樣編織。

5 兩端以配件夾好固定！❗

3 將一端固定孩子更容易編織。

編織布髮帶

★ 編織布條參考作品 ★

6 編長一點，還可以變成項鍊或腰帶兩端加上鬆緊帶還可當髮圈。

緞帶手環

萬用百搭的
基本款蝴蝶結

不用一針一線，綁一綁、黏一黏就能
做好的蝴蝶結！

蝴蝶結髮圈 ....
蝴蝶結領結 ....
蝴蝶結髮箍 ....
....
....

家中常見素材
布
鬆緊帶

材料和工具
膠水
布用剪刀
QQ線或橡皮筋

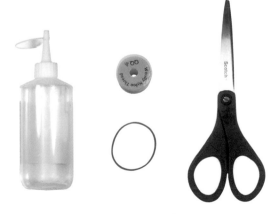

1 將布上下往中間摺,重疊一點。

2 左右往中間摺,重疊一點。

領結正面　領結背面

★ 領結參考作品 ★

3 上下往中間對折。

接著上下再各自往下摺。

最後上下各自往上摺,完成蝴蝶結雛形。

4 以 QQ 線繞緊後拉斷。也可以用橡皮筋綁緊。

5 將一小長條布上下摺,用少許保麗龍膠固定即是蝴蝶結中心的綁帶。

6 在蝴蝶結背後將鬆緊帶以保麗龍膠用摺好尾端收邊的綁帶固定黏好。

7 完成不用一針一線幼兒也能做的蝴蝶結髮圈。

蝴蝶結背面。

★ 蝴蝶結髮箍參考作品 ★

包布扣
飾品

包布扣能跟髮夾、髮箍、票夾……許多物件組合,做成各種實用的物品。

綁束法瓶蓋包布扣 ....
黏貼法釦子包布扣 ....
手縫法包布扣 ....
蝴蝶結珠鍊包布扣別針 ....
緞帶花包布扣別針 ....
緞帶圈包布扣髮夾 ....

家中常見素材
緞帶
鬆緊帶繩
布料
髮夾配件
釦子
包布扣配件
伸縮夾配件
別針配件
棉花

材料和工具
布用剪刀
QQ線
針線
保麗龍膠

1

瓶蓋是身邊方便的素材。可在布上畫一個比瓶蓋大的大圓。

2

剪下圓形。

3

還可加上棉花，讓表面蓬蓬的。

4

用橡皮筋或 QQ 線綁起。

5

將多餘布剪掉，收於瓶蓋中。

6

完成的包布扣，以保麗龍膠和伸縮夾黏好，橡皮筋固定待乾。

7

與票卡袋組合，放證件、學生證、捷運卡都非常實用。

1

一般扁平形的釦子，加上棉花效果也很好喔！

2

用保麗龍膠，順著圓一次摺一點的布按壓在背面黏好。

3

黏好一圈就完成了！

4

黏貼面較平，適合與其他物件組合。

5

和蝴蝶結組合，可以是髮帶也可以是領結。

1 包布扣縫法,沿圓邊緣縫平針,放入塑膠釦。

2 將線拉緊打結即完成,加上釦片便是完整釦子。

3 要與伸縮夾組合,因此不須釦片,並將鈕釦柄剪去。❗

4 做好的包布扣以保麗龍膠和伸縮夾配件黏好。

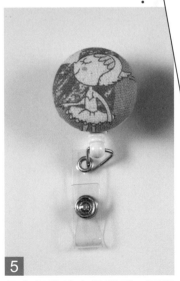

5 包布扣伸縮夾很實用,可與票夾等組合使用。

蝴蝶結珠鍊包布扣別針

1

依圖示將緞帶捲成 8 字形。

2

中心對折後，上下邊往下摺。

3

QQ 線纏繞，輕拉線即斷，蝴蝶結也固定好了。

4

可加上珠鍊，中間以收尾的緞帶固定。

5

加上包布扣和別針黏合。

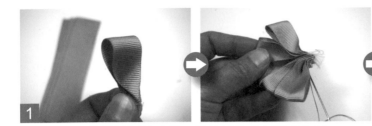

將五小段的緞帶對折後重疊，縫好拉開放射狀後打結。

2 與蝴蝶結和別針組裝黏好。

3 加上包布扣，即是徽章式的別針。（別針正面）

（別針背面）

緞帶圈包布扣髮夾

1 將一段緞帶沿邊縫平針後拉緊打結。

將包布扣與髮夾配件以保麗龍膠黏合。

3 小巧的包布扣髮夾。

襪子毛巾
棒棒糖禮物

適合送朋友的棒棒糖造型禮物。讓朋友收到超可愛的棒棒糖，同時還得到襪子或毛巾、包布扣別針和蝴蝶結髮帶三個禮物喔！

襪子毛巾棒棒糖禮物

家中常見素材
有條紋的襪子或毛巾
包布扣別針和蝴蝶結
髮帶（作法參考蝴蝶
結與包布扣飾品單元）
冰棒棍或鉛筆
包裝袋

材料和工具
布用剪刀
QQ線
針線
保麗龍膠
雙面膠或泡棉膠

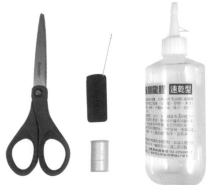

1 將有條紋的襪子或毛巾捲成長條形。

2 再捲成蝸牛殼形，塞入中心固定。

3 做好棒棒糖螺旋狀的糖果。

4 用包布扣別針別在中間。有裝飾中間收尾處及固定的功能。

5 將棒棒糖以泡棉膠或雙面膠固定於冰棒棍或鉛筆。

6 放入包裝袋，用蝴蝶結髮帶束起，就是很適合送朋友的棒棒糖禮物囉！

可配合端午節活動

別出心裁的
香包和御守

用別出心裁的方法製作和配戴有避邪、
祈福、討吉利意涵的香包和御守！

家中常見素材
不織布
花布
小襪子
髮帶
別針
緞帶或繩
香精或香水或香氛袋
棉花
釦子等裝飾
塑膠片或紙板

材料和工具
剪刀
油性筆
QQ線
保麗龍膠

★ 口袋香包參考作品 ★

1 將兩片不織布疊在一起剪成口袋狀。留一邊開口，其他三邊以保麗龍膠黏貼。舊衣口袋也可以做喔！

2 用打洞機打洞或剪刀剪洞預留綁繩穿洞。

4 塞入棉花，滴入香精或香水，也可以放入艾草粉或雄黃粉等喜歡的味道。

3 裝飾香包。

5 將掛繩綁入香包。

6 袋型掛式香包完成。

金魚別針香包

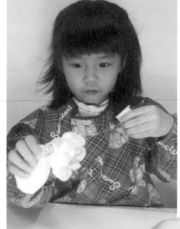

`1` 海綿和香料放入小襪子中。

`2` 用 QQ 線纏繞尾部，
輕輕拉斷即完成尾鰭。

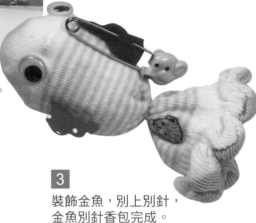

`3` 裝飾金魚，別上別針，
金魚別針香包完成。

★ 附註 ★

`1` 沒有小襪子時可剪一塊圓形
布，海綿和香料放入圓布。

`2` 用 QQ 線或橡皮筋纏繞尾部，
完成尾鰭。

`3` 可將布貼於餅乾盒等塑膠片
增加硬度，剪出背鰭、胸鰭、
腹鰭貼上裝飾。

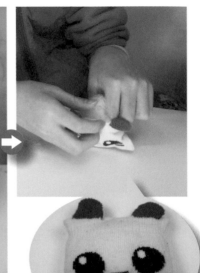

1 將襪子印有臉的部分剪下。（無印臉部的襪子，也可以釦子、布等剪貼出來。）

2 將襪子翻到背面，邊緣塗上保麗龍膠翻正面黏合收邊。海綿和香料放入，以保麗龍膠封口。

3
黏在髮圈上，完成手環香包。

我是設計師
版印之美

以簡單的方式和家中常見素材，也能
將衣服、手提袋版印出新風貌。

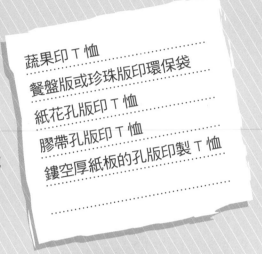

蔬果印 T 恤
餐盤版或珍珠版印環保袋
紙花孔版印 T 恤
膠帶孔版印 T 恤
鏤空厚紙板的孔版印製 T 恤

家中常見素材

衣服、T-shirt
購物袋
環保袋
保麗龍餐盤（或珍珠板）
卡紙（如購衣時的紙襯）
色紙或廣告紙
切出平面的蔬果
印製時防汙用報紙或廣告單

材料和工具

毛筆	鉛筆
水彩筆	油性筆
壓克力顏料	海綿
刀片	剪刀
膠帶和點點貼紙	

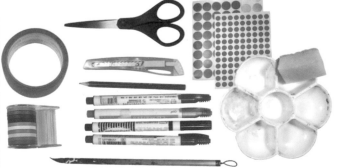

蔬果印T恤

1
將報紙或廢紙摺平整放入衣物中以防止顏料滲到後面。

2
深色布料可用海綿沾白色壓克力顏料輕拍蔬果平面蓋印。深色衣物先蓋印白色之後再印彩色較能顯色。

3
用另外一塊海綿拍打色彩蓋印在剛剛白底蔬果印上。吹風機吹乾或待乾。

4
依此方法蓋印造型不同的蔬果。

5
以油性筆彩繪五官等裝扮。

6
也可沾壓克力顏料彩繪造型。

7 「三人跳個街舞！」花椰菜說。「我也來跳一段！」杏鮑菇說。
印個親子裝，下次出遊就穿這件吧！

1

將廢紙摺平放入袋中防止顏料滲入下層。

2

將袋上的圖案廣告等以壓克力顏料平塗覆蓋。無圖案也可以上一層底色，顏料將布料孔洞填滿，印出的線條更完整清楚。

3

在保麗龍餐盤或珍珠板上以鉛筆輕輕打稿。

4

剪下造型。更小的孩子可用鉛筆來回畫即可取下。

注意：海綿沾色後在調色盤邊刮平後再拍印，顏料才不會堵塞版的線條。

5

設計造型，擺設調整至滿意。

6

在上面以鉛筆畫出紋路、圖案。重複畫出凹痕。

7

輕拍壓克力顏料，直至顏色飽滿。

8

蓋印於袋上,一手固定、一手壓印。

9

一手固定,掀一小角看是否印製清晰,不清晰處再加壓,輪流檢查各部分。

10

印好樹幹,換將葉子版拍打上色,每印好一片,都需再上色再印喔!較小的孩子,大人可協助按住板子固定位置,讓孩子壓印。

11

貓頭鷹拍色印製,顏色也可以拍漸層……

12

幼兒用鉛筆也能製版印刷的環保袋就完成了!

★ 參考作品 ★

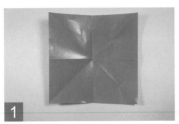

1 將紙張往對角摺。

2 再摺一次。較小的孩子摺數要少較好剪。

3 剪紙花拓印，對幼兒來說是較易上手的孔版，較小的幼兒可剪簡單直線形成的洞。較大孩子可剪較複雜的線。

4 剪好紙花就是簡單的孔版。以寬膠帶貼於衣服上固定及防顏料跑到外面。

5 海綿沾壓克力顏料輕拍露出處。

6 取下紙張紙花模即完成。

哇！比新衣還讚！

★ 拓印版的再運用 ★

1 有些印有活動名的 T-shirt，活動後就不再穿或不喜歡，可用壓克力顏料將圖案覆蓋。

2 之前用的版子還是完好的，還可以再運用喔！

3 不想印到的地方可用廢紙遮蔽著印。

4 完成拓印，可以再運用改造在其他地方。

1

先試膠帶黏性，能服貼不翹起、好撕除即可。圖例為封箱膠帶。可先在一端剪些輪廓線寬度的短線。

2

沿著剛剛剪出的線撕下一段一段的膠帶。在 T 恤上貼出造型。

3

貼好膠帶和點點貼紙的海軍領 T 恤正面。

4

貼好膠帶和點點貼紙的海軍領 T 恤背面。

5

貼好剪貼野豬造型膠帶的 T 恤正面。

6

貼好剪貼野豬造型膠帶的 T 恤背面。

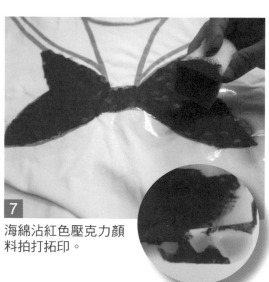

7

海綿沾紅色壓克力顏料拍打拓印。

8

海綿沾藍色壓克力顏料拍打拓印。

9

待顏料乾後將膠帶撕除。

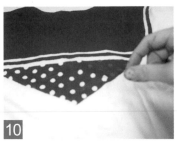

10

將點點貼紙撕除。

11

印製好的海軍領Ｔ恤正面。

12

印製好的海軍領Ｔ恤背面。

13

印製好的野豬造型Ｔ恤正面。

14

印製好的野豬造型Ｔ恤背面。

1 衣服買來裡面常有一張厚卡紙讓衣服正挺。

2 可在上面設計圖案。大孩子可以刀片鏤空圖案。

3 海綿可剪小塊，方便沾壓克力顏料拍印上色。

4 自己設計的 T-shirt。獨一無二。

這樣做超簡單 襪子娃娃

好想要一個娃娃嗎？不用擔心縫工，
馬上動手做一個吧！

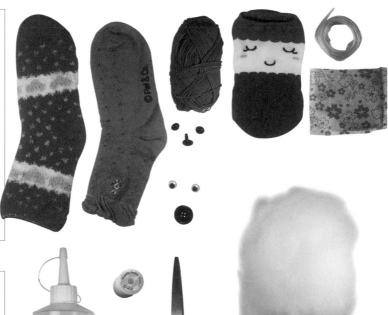

家中常見素材
襪子
釦子和緞帶等裝飾品
線
香氛袋
棉花

材料和工具
保麗龍膠
QQ線
塑膠針或髮夾

3

再用釦子和緞帶等裝飾品裝飾，以保麗龍膠黏貼（沒有臉型的襪子可以釦子、珠子等黏貼五官。襪子頭可直接黏貼成為帽子，也可以綁出頭髮）。

1

襪子放入棉花、香氛袋（有香味的乾燥花草等皆可），再以棉花補至襪子滿。

2

用 QQ 線或橡皮筋綁出頭和身體後一拉 QQ 線即斷並束緊。

4

綁線香氛襪子娃娃就完成囉！

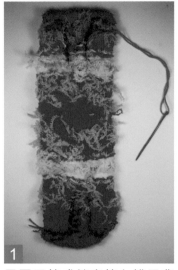

1 用原子筆或簽字筆在襪子背面畫出一凹一凸的 H 型，幼童可用安全塑膠針或髮夾，襪子孔洞大可用粗的線縫，很適合幼童縫工。

2 縫至留一小洞，襪子翻成正面，塞入棉花，腳後跟可塞多點棉花當作臉部，塞好後將小洞縫合。

3 剪另一襪子做為上衣，套上娃娃。臉部用保麗龍膠黏釦子等裝飾五官。

5 縫線襪子娃娃就完成囉！

4 左右各縫一直線形成插在口袋的手。

可配合中秋節、萬聖節、春節、紀念日活動

黏土拓印
紋路之美

黏土總是讓孩子百玩不厭，也是促進發展的好素材。黏土經常會用不完，運用身邊有紋路的物件和黏土能拓印紋路的特性做實用的東西，會很有成就感呢！

擬真馬卡龍磁鐵

月餅名片留言座

春聯

擬真糕餅時鐘

家中常見素材
輕黏土
砂紙
磁鐵
菜模或烘焙模型
印章
鋁線
衣襯等厚卡紙
紙箱等厚紙板
吸管
收集包裝塑膠盒塑膠片

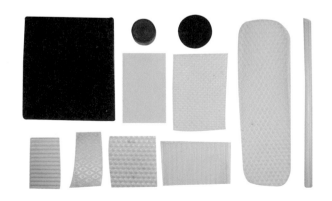

材料和工具
壓克力顏料
廣告顏料
白膠
三明治袋或塑膠袋
透明漆
畫筆
保麗龍膠

★ 黏土怎麼玩 ★

1 黏土柔軟時拓印紋路最清楚，做每一部分都須將黏土先揉勻後，塑出形狀，再以收集的塑膠片拓印。

2 黏土剛做好時有黏性不須膠便可相黏，乾燥的黏土可用白膠黏貼。

3 和幼兒玩黏土可用好玩的口訣，讓操作既容易又好玩。
　例如：球　形──畫圓圈，畫圓圈，搓成球。
　　　　長條形──推土機，推土機，推長長。
　　　　水滴型──小扇子，小扇子，開花花。

4 黏土調色和水彩一樣，如黃加紅是橘、黃加藍是綠、紅加藍是紫，淺色分量取出後，再加深色，一次只需加一粒紅豆大，不夠再加，調至所需顏色。

1

將輕黏土取適當分量，調至所需顏色。

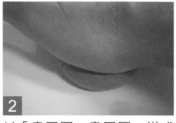

2

以「畫圓圈，畫圓圈，搓成球」口訣，搓出球型，再以手心壓平在塗白膠的磁鐵上。

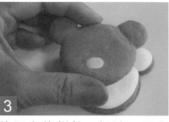

3

依馬卡龍餅乾、奶油、馬卡龍餅乾順序黏合。

4

以對折的砂紙拓印馬卡龍餅乾側邊。

5

完成馬卡龍。

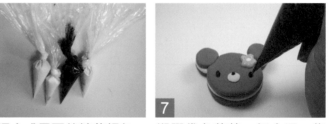

6

糖花可以壓克力顏料放入塑膠袋中混合成需要的糖花顏色。另外，沒有壓克力顏料，也可以用廣告顏料加白膠混合。二種都會有糖花的立體效果。

7

塑膠袋角落剪一個小洞，像擠糖花擠出眼睛、鼻子、嘴巴。

8

像極了真的馬卡龍呢！

★★★

1

將超輕土混合出糕餅的顏色。
圖例黏土分量：一個小孩拳
頭大黃色、一顆紅豆大紅色、
二顆紅豆大藍色。重複拉合
至完全混合。

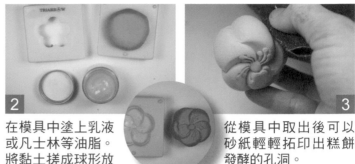

2

在模具中塗上乳液
或凡士林等油脂。
將黏土搓成球形放
入模中拓印。

3

從模具中取出後可以
砂紙輕輕拓印出糕餅
發酵的孔洞。

4

沒有模具時，菜模也可以壓
出造型。

5

從模具中取出後可以砂紙輕
輕拓印出糕餅發酵的孔洞。

6

糕餅上的花紋也可以印章壓
印。

7

砂紙輕輕拓印出糕餅發酵的
孔洞。註：什麼模具都沒有，
也可直接捏塑形狀以手心壓
平，再用砂紙拓印糕餅發酵
的孔洞。

8

以廣告顏料調出不同深淺的
銘黃色，塗在糕餅上面和些
許側邊，像烘焙前塗在糕餅
上的蛋液。

9

塗上透明漆，讓蛋液像烤好
時的光澤。

10

待乾燥，就像剛烘焙好的糕
餅一樣呢！

11

可以插上便條叉配件，也可用鋁線
等做一個。不但是糕餅上的叉子，
也是實用的名片或便條紙座。

要記得
吃飯喔！

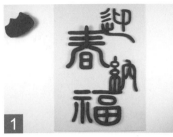

1 以「推土機，推土機，推長長」口訣塑長條形，貼成吉祥話。

2 準備有紋路的生活收集物件。

3 吸管壓一下，黏土會被吸管吸起。

4 筆或竹籤壓出點。

5 直條紋蓋印。

6 菱紋和點蓋印。

7 砂紙蓋印紋路。

8 厚紙片壓出鋸齒狀葉緣。

9 厚紙片壓出葉脈。

10 完成有年節氣氛的春聯。

1 砂紙拓印出奶凍瑞士捲蛋糕發酵紋路。

2 有紋路的物件如印章拓印出巧克力花紋。

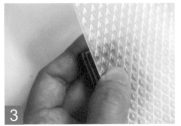

3 菱紋包裝盒紋拓印出威化餅乾。

4 直紋包裝盒紋拓印出蛋塔紋路。

5 砂紙拓印蛋糕發酵紋路。

6 用餅乾實物拓印。

7 砂紙摺起拓印馬卡龍邊緣。

9 砂紙拓印出薑餅人餅乾紋路。

★ 參考作品 ★

10 砂紙拓印出甜甜圈草莓巧克力後面的麵體。

8 砂紙拓印出餅乾紋路、厚紙片壓出側邊條紋。

11 將糕餅黏貼於時鐘位置上。

黏土與保麗龍餐盤印章

黏土板印章
保麗龍板印章

不必用雕刻刀也可以刻橡皮印章，運用身邊就有的鉛筆刻保麗龍盤、黏土來拓印做印章，幼兒也能做的安全印章！

家中常見素材

保麗龍餐盤或珍珠板
手提袋
色包裝紙、色棉紙
描圖紙半透明包裝紙
瓦楞塑膠板
瓶蓋
樹脂黏土

材料和工具

印泥
剪刀
鉛筆
保麗龍膠

1

從保麗龍盤取下適當大小的
保麗龍片。

2

在保麗龍片上以鉛筆畫出印
章圖案。重複畫線，讓線條
明顯凹下，做成保麗龍印章。

3

另外取黏土，印製前將黏土
拉一拉，使之均勻，搓出想
要的形狀。

4

將黏土輕輕壓於剛才畫好的
保麗龍片上，以手心壓印較
平整。

5

將黏土取下。

6

會得到一個線條凸出的黏土
印章。

7

可修剪保麗龍印章和黏土印
章形狀。

8

將保麗龍板和黏土板貼於瓦
楞塑膠板或瓶蓋上，蓋印時
堅固好握。

9

以印臺拍打上色。

10

以薄的棉紙等拓印效果最佳。
線條凹下的保麗龍板是陰刻，
線條無印色。

11

黏土板須待黏土乾透後才能
拍色和蓋印喔！黏土印章似
印章陽刻，印出的會是凸出
的線條。

可配合彌月禮、紀念日活動
留下永恆時刻的手足印記

嬰兒手足模
紀念日手模留言板

在一些特殊的日子，您想留下什麼紀念？嬰兒的手足小巧的樣子？小朋友每年生日長大的手？還是友誼紀念日，兩個摯友的手？印下來，永遠留存那珍貴的一刻！

家中常見素材
布類（防黏土沾黏）
紙筒捲軸
盤子、盤架
輕黏土

材料和工具
油性簽字筆
保麗龍膠

嬰兒手足模、紀念日手模留言板

1 將輕黏土拉一拉，使黏土柔軟度、溼度均勻。下面可預備一塊布，可防止黏土拿起來時沾黏桌子而變形。

2 可用擀麵棍，也可以用保鮮膜、烤紙、衛生紙內的紙捲軸，將黏土擀平。

3 拓印手足模。輕土的質地細緻能將指紋都清楚印記下來。

4 手模印好後可等至乾透，也可以修剪外型。

5 在空盤上以油性筆彩繪及寫下紀念的事，也可以貼上可愛的裝飾。

6 將手足模以保麗龍膠固定於盤子上，平時可用盤架擺設。

手模留言板：手足模也可以裝飾相框或留言板，時時提醒大家要繼續製造愉快的回憶喔！

華麗面具 &
精緻的銅鏡

運用黏土，也能塑造出既華麗又精緻的金屬質感實用物品。

萬聖節面具（可配合萬聖節活動）

典雅華麗的銅鏡

精緻的寶物盒

家中常見素材
泡泡土
超輕土
衣襯或紙箱厚紙板

材料和工具
金屬色噴漆
鉛筆
打洞機
剪刀
刀片
金屬色壓克力顏料
筆

1

在衣襯或紙箱的厚紙板上畫出想要的面具造型。

2

剪下面具。

3

用打洞機在左右邊打洞,以備面具綁線掛在耳朵。

4

割出或剪去眼睛部位。❗

5

以黏土在上面塑形。泡泡土易塑造出立體造型,超輕土易拓印出紋路,形成各種層次。

6

視家中現有顏料選用上色方式,可用壓克力顏料上色。

7

也可噴漆上色。

8

完成。

精緻的寶物盒

典雅華麗的銅鏡

★ 參考作品 ★

一年到頭
陪伴的平安年曆

年曆配上喜愛圖片或是照片，加上裝飾，是最棒的行事曆。

平安劍獅年曆

家中常見素材
緞帶
超輕土
年曆
紙箱紙板
色紙、包裝紙

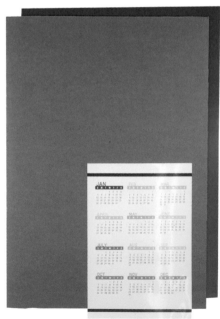

材料和工具
打洞機
剪刀
保麗龍膠
雙面膠

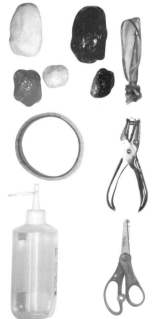

1 運用家中常有的紙箱板。

2 貼上有色紙張或包裝紙。

3 再貼上年曆，以及照片或喜愛的圖片。

4 以黏土塑造平安劍獅。

5 將平安劍獅以保麗龍膠等黏貼布置在畫面上。

6 打出可綁線的洞。放入購物袋提繩或綁上緞帶方便懸掛。

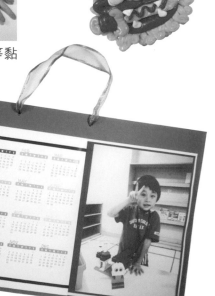

7 完成一幅可懸掛，方便查看日期的平安劍獅年曆。

金屬押花
之美

孩子運用身邊的回收素材，也能做出精湛金屬押花效果的藝術作品。

塑膠盒紋路之美
鋁片金屬押花之美
飲料封膜押花、糖果紙押花

家中常見素材
空盒
筆記本、年誌、手帳本、畫本……
鋁罐、奶粉封膜、廚房防油板、鋁箔烤盤……等金屬薄片
包裝盒剪下的塑膠片
衛生紙或餐巾紙

材料和工具
保麗龍膠
白膠
剪刀
滑鼠墊或泡棉等軟墊
無水原子筆或一端有形
狀的物品

塑膠盒紋路之美 ⭐⭐⭐

1

小小孩可以剪包裝用回收的塑膠盒，以保麗龍膠貼出自己喜愛的造型。

2

上少許的保麗龍膠，覆蓋薄薄的錫箔紙，壓一壓，不同花紋的質地都顯現出來了！

3

將多餘的錫箔紙收貼於後。

4

完成運用物件質感作為金屬押花的紋飾。

★ **筆記本內頁換新說明** ★

筆記本內頁用完取下，換上新本，只要兩張筆記本打開大的紙張，一邊貼在封面內，一邊貼在筆記本外面，就像扉頁一樣，可隨時替換。

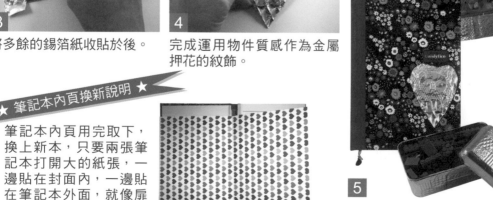

5

裝飾於筆記本等物件。

1 較大的孩子可以運用像鋁罐或廚房鋁箔烤盤等鋁片,可戴上手套剪下,將金屬薄片邊緣黏上膠帶防止受傷。

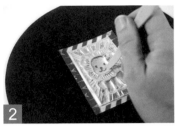

2 放在滑鼠墊等軟質的墊子上,以原子筆畫輪廓線或有形狀的物體壓出想要的造型。壓出的是凹的造型,可當背面。

3 翻成正面是凸的,再用尖的筆於輪廓處描一次,造型會更立體,鋁片也會較平整。

4 做好造型,在背面凹陷部分注入白膠。

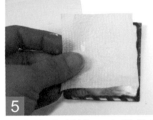

5 加上衛生紙等吸水的薄紙,乾燥後,可再上白膠及覆上一層衛生紙,待全乾之後金屬押花就不會被碰壓變形了。

糖果紙押花

飲料封膜押花

做好的金屬押花,可裝飾本子、盒子……

金屬線
飾品

孩子遊戲或家中修繕常有剩餘的金屬線，運用金屬線也能製作出富有童趣或者是精緻金工的飾品。

毛根繞別針
金屬線鏤空之美

家中常見素材
金屬線
別針配件
吊飾配件
項鍊配件
珠子
毛根
松香水
肥皂水
放松香水及肥皂水的容器
保麗龍球

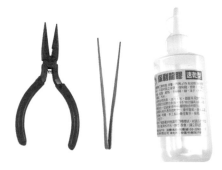

材料和工具
老虎鉗
保麗龍膠或萬用膠
鑷子

毛根使用前說明：毛根一包很多，常有剩下，柔軟的外表，易塑形的特性很適合小小孩。可先將頭尾捲一些起來，就不易因為尖銳而刺到受傷。

1 用毛根繞保麗龍球或有造型的物體，將毛根穿插繞緊，也可用不同的色彩交錯的繞。以上下序列方式編織可讓造型更牢固。

2 依照想要做的造型，繞出實心或空心的變化。

3 用色彩表現不同的部位或造型。

4 加入配件，以毛根繞配件來固定。

註：有時飾品壞了，配件卻是好的，不要丟掉，放入盒中收藏，這時就能派上用場。

5 以保麗龍膠或萬用膠等黏貼珠子或釦子等裝飾。

註：珠子、釦子、小螺絲釘、小物件飾品……家中常有。和孩子像尋寶一樣找尋生活中的物件，做創意的聯想和組裝，是多麼有樂趣的活動。

小朋友做的金屬線飾品真是毫不遜色，且可愛、富有童趣。

1 年紀越長的孩子，操作能力越精巧，可選用越細的金屬線材。以細金屬線交錯穿插繞保麗龍球。

2 將繞好線的保麗龍球丟入松香水中。❶
註：松香水宜裝在金屬容器中。且宜在空氣流通處使用。

3 可加上蓋子，避免揮發的味道。等待幾分鐘。待保麗龍球全部溶解。

4 以鑷子夾出，保麗龍球是球形就可得到一個鏤空的球形。若保麗龍球是星形，即可得到一個鏤空的星形。

5 將之夾到肥皂水中，可洗去松香水。

6 從縫隙中放入彩色珠子等裝飾色彩，或者外部黏貼造型裝飾。

加上配件，就是精緻鏤空金屬線工藝的飾品。　★ 參考作品 ★

紙張封存
膜中魔

指甲油亮膜 ....

透明漆膜 ....

樹脂膜 ....

....

....

喜愛的圖片或是照片，加上一層厚厚
透明的膜，宛如鑲上寶石般的光澤。

家中常見素材

瓶蓋
別針配件
鑰匙圈配件
貼紙
喜愛圖案的雜誌、廣告……
透明漆
指甲油

材料和工具

環氧樹脂或水晶膠
硬化劑
剪刀
老虎鉗
保麗龍膠
筆

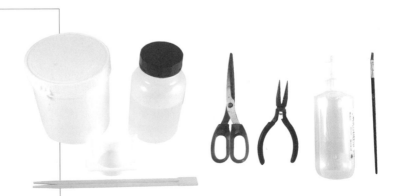

指甲油亮膜

1

汽水的蓋子，上膠貼上喜愛的貼紙或圖片。

2

以指甲油塗布在圖案上，一層乾了再上一層塗布，重複步驟直到滿意的厚度。

3

指甲油全乾後，可加上小圓環，方便組裝項鍊、鑰匙圈……等實用配件。

透明漆膜

1

另外，也可以在圖片上，塗布透明漆。

2

全乾後，在貼上圖片的瓶蓋內倒入一些透明漆待凝固，加上小金屬環，和實用的配件相組合。

樹脂膜

1

將喜愛圖案剪下，貼在有凹槽的配件上。

2

依比例調製環氧樹脂加硬化劑（化工行、美術社、網路可買的到），倒入貼好圖片的配件中。（也可用水晶膠加硬化劑）

3

待乾，就完成一個亮麗如新的飾品了！

金銀紙張的
金屬畫

生肖年畫、門神報到
金屬質感畫框和時鐘

厚厚的紙張會做伸展操呢！紙張也能
畫出浮雕感的金屬畫。

家中常見素材
金色或其他顏色的厚紙

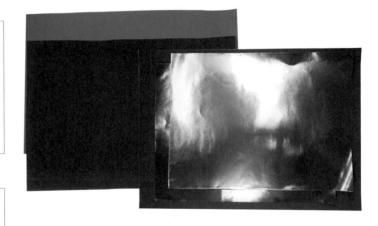

材料和工具
鉛筆
原子筆
油性筆
雙面膠
滴瓶或塑膠袋
白膠
金色廣告顏料
尖頭塑膠瓶

1

在紙張背面以鉛筆畫出想要的圖案。

2

下面墊滑鼠墊或泡棉墊等軟墊，用原子筆描線。

翻到正面即是浮雕感的線條畫，以油性筆上色。

4

雙面膠黏貼於比畫大的紙張當裝飾框。

5

將白膠和金色廣告顏料混合放入滴瓶或塑膠袋中，在邊框擠上圖案裝飾。

6

待乾，完成有浮雕感的紙張金屬畫。

1 白膠和金色廣告顏料混合放入滴瓶或塑膠袋中，在金色紙張上擠出想要的圖案後，待乾即是漂亮的金屬畫。若想要營造古銅色，可塗上黑色廣告顏料或壓克力顏料。

2 在廣告顏料或壓克力顏料未乾時以餐巾紙等擦拭，讓黑色顏料留在凹陷處。

完成古銅效果的金屬畫。
參考作品：古銅金屬畫框、古銅色金屬時鐘。

新鮮屋
驚奇盒

從牛奶盒跳出的驚喜玩具

突然從房子冒出來的小精靈，孩子總是百玩不厭！用喝完飲料的新鮮屋紙盒做房子、傘袋做精靈，試試看有多驚奇！

家中常見素材

雨傘袋
吸管（可彎的佳）
飲料新鮮屋紙盒
點點貼紙
色紙或色貼紙

材料和工具

透明膠帶
剪刀
刀片
保麗龍膠

1

將新鮮屋盒割開，形成房子和屋頂部分。❗

2

在閉合面割一小洞，預留插上吸管吹氣用。❗

3

插入吸管彎折處到洞口。

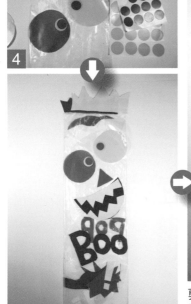

4

剪色紙或點點貼紙裝飾小精靈造型貼在傘袋上。

5

將傘袋開口和盒內吸管頭以膠帶貼好。

6

將小精靈摺入新鮮屋紙盒中。將紙盒蓋蓋上。

7

一吹氣，小精靈就突然頂出屋頂，直挺挺彈出到面前呢！嚇我一跳！

和小可愛 躲貓貓

看不見！看不見！BOO! 幼兒百玩不厭的躲貓貓玩具，現在就用紙杯和包裝紙做一個！

從紙杯跳出的可愛玩偶

家中常見素材

軟質手揉包裝紙
布
不織布
紙杯
保麗龍球
橡皮筋
免洗筷
報紙

材料和工具

膠帶膠台
剪刀
雙面膠
壓克力顏料
油性筆
保麗龍膠

1

免洗筷沾些許膠插入保麗龍球，可以壓克力顏料等改變保麗龍球色彩。用紙或布裝飾玩偶的造型特徵。

2

也可以油性筆畫上五官。

3

柔軟不易破的紙張或布料捲成筒狀貼於杯內緣作為玩偶的衣服。

4

紙杯底部畫一個十字，頭部插入十字孔組合。用橡皮筋固定頭和衣服。以布或紙張裝飾動物造型。 ❶（紙張以雙面膠黏貼，布以保麗龍膠黏貼）

5

紙張向下翻摺變領子。

6

這樣就可以玩躲貓貓了！

沒有保麗龍球時，可用廢紙塑一個小可愛。

1

將報紙揉緊成球，加上竹筷，以膠帶固定。

2

其他特徵部位也可以報紙塑形，以膠帶固定好。

3

加上特徵就是小可愛。也可以壓克力顏料上色，也可以布做身體⋯⋯
用身邊回收素材就能做個幼兒百玩不厭的躲貓貓玩具。

資料夾手提包
筆記本

運用資料夾做個能帶著走的手提包筆記本！讓小朋友在出門坐車、排隊的等候時間，能自得其樂的畫畫。

資料夾手提包筆記本
編織資料夾手提包筆記本

家中常見素材
資料夾
空白筆記本
捲線魔鬼氈
魔鬼氈釦
筆
購物袋提繩

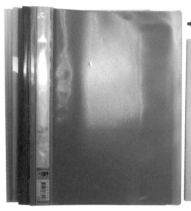

材料和工具
剪刀
刀片
打洞機
雙面膠
保麗龍膠

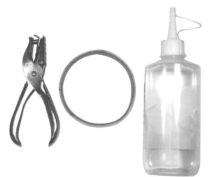

1

如果資料夾上的圖案是喜歡的就完整保留下來。兩側打洞放入購物袋提袋的提繩。兩側加魔鬼氈可防止筆記本掉出。

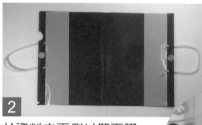

2

於資料夾兩側以雙面膠固定兩條長方形資料夾片。

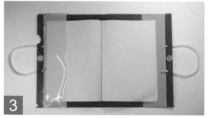

3

當作書衣,以便替換筆記本或放置如票券、導覽簡介等。

4

加上黏扣帶固定筆,出門時隨時有筆可用。

5

固定筆的黏扣帶也可以置於封面外。可以帶著走的手提包筆記本就完成了!

編織資料夾手提包筆記本 ⭐⭐⭐

1

如果資料夾上圖案不喜歡,或是有許多廣告,可裁成條狀,剪不規則的波浪條也可以,留下喜歡的部分使用。

2

留一個完整的資料夾作為手提包主體,開口向上,左、上、右留下約2公分,切條狀。也可用剪的,不規則也可。❶

3

學習序列編織、色彩的配色與襯托、寬窄色條形成的韻律與節奏。

4

較小的幼兒或初次編織，家長或師長可以火車過山洞引導序列。

5

已經會了的孩子則可以自己穿色條。

6

編織好將邊緣以膠固定。

7

兩側打洞。裝上提繩。

8

可用對開式 L 型資料夾作為書套，或者剪一個，可以雙面膠黏貼。

9

加個小袋子，可收納導覽單、門票、捷運卡……

10

以雙面膠固定書套於編織手提包中。

11

放入筆記本。兩側加上魔鬼氈防書掉落彈開。

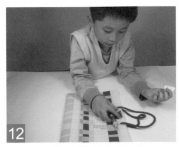

12

貼或穿黏扣帶於編織線可固定筆。

手提包筆記本可以帶出門了！

滿滿祝福的
蛋染

送彩蛋有「祝福」的意涵。用天然又有趣的方式，多做一些，送給身旁的朋友，給大家滿滿的祝福。

蠟筆染
葉片染

家中常見素材
有蓋容器
採集到的葉子或菜葉
絲襪
棉繩
橡皮筋
雞蛋
茶包

材料和工具
蠟筆

★ 取蛋殼 ★

1

取一乾淨的碗，以叉子在蛋上開一個口。

2

將蛋液甩出。（蛋液可留下煮食）

3

蛋殼洗淨待乾。

1 用蠟筆在蛋殼上畫上喜歡的圖案。

2 開口以膠帶封好放入泡好的茶水罐中蓋好。

★ 泡蛋染茶水 ★

溫度高茶色較易出色，泡茶需大人幫忙或注意以免孩子燙傷。茶包數量越多顏色越濃。❗

3 靜置少許時間即可染上色，時間越久顏色越深，依個人喜好而定。

葉片染

1 葉片沾水即可伏貼於蛋上。

2 用絲襪包覆，棉線綁緊。

3 放入泡好的茶水中。

4 將上面葉片清除即可！連葉脈都染出來了！更特別的是紅色茶湯染出卻是藍色呢！

附註：除了茶葉可染，咖啡渣、煮洋蔥皮、食用色素等都可以染。若要食用，蛋液可不取出，以芹菜葉等可食用菜葉貼覆，再以濾紙、滷包、棉袋等綁好，再以茶葉、咖啡渣或煮洋蔥皮等天然染汁染色即可。

可配合聖誕節活動

令人心情雀躍的
聖誕花圈

聖誕節布置常用的金蔥飾帶，繞上舊
衣架，配上喜歡的素材，就是很棒、
年年不同凡響的聖誕花圈了！

衣架聖誕花圈

紙盤聖誕花圈

家中常見素材

聖誕節金蔥裝飾帶
娃娃和玩具
在學校做的手工藝
緞帶
收集的自然物
報紙或雜誌
衣架或紙盤

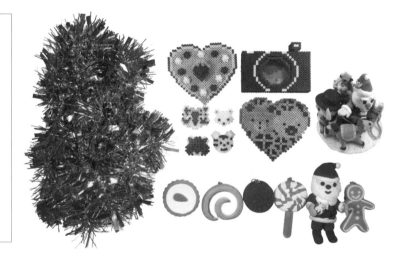

材料和工具

保麗龍膠
膠帶和膠台

衣架聖誕花圈

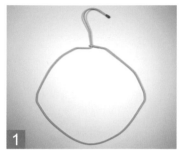

1

取一衣架，繞成圓形。

2

將報紙捲成條，繞於衣架上，以膠帶固定。

3

將報紙條繞到厚度合意。

4

將金蔥帶以保麗龍膠繞貼於衣架圈上。

5

聖誕花圈的雛形即完成。

6

以喜歡的現成物用保麗龍膠布置。如：緞帶。

讓孩子以喜愛的玩偶、手做的工藝品，或用戶外撿拾的自然物布置聖誕花圈。

紙盤聖誕花圈

1

紙盤稍微對折剪一個洞，以保麗龍膠將金蔥帶繞於紙盤圈上固定。❶

2

準備想裝飾的物件，照片上是黏土捏塑品。

3

以保麗龍膠黏貼布置。

鎖住記憶的
時光膠囊

很多時候紀念品捨不得丟棄，但又無法好好收納，將紀念品做一個紀念塔，放入透明容器中成為鎖住美好回憶的時光膠囊。

鎖住記憶的時光膠囊

家中常見素材

耐熱玻璃容器（注意容器標示需為耐熱玻璃）
紀念品

材料和工具

環氧樹脂或水晶膠
硬化劑

1 將紀念品以主題式的物件布置，注意下寬上窄較穩固，且從四面八方觀看都很美觀。例如：圖中有參加關渡自然公園秋收的稻子、回答問題得到的徽章，還有冬藏做的米粿雕。

2 另外也可以依比例將環氧樹脂或水晶膠＋硬化劑調勻後灌注。

3 放置約 4 小時會成為有硬度的透明壓克力狀，紀念品就封存其中了。

★ 參考作品 ★

秋天賞楓撿拾的楓葉。

小時候用到短的鉛筆和很喜歡的小玩偶公仔、彈珠……

畢業紀念日的畢業生胸花與家人送的花。

隨時可換造型
樂高時鐘

同樣的樂高玩膩了？做成實用的物品，
隨時可改變造型，讓人想一玩再玩！

樂高時鐘

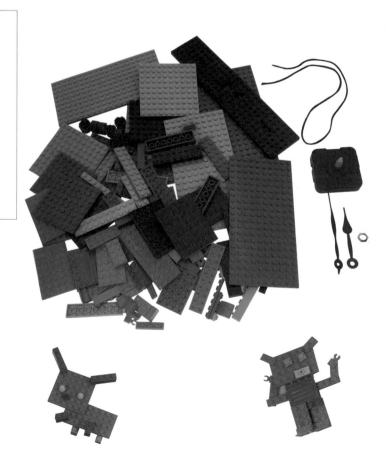

1
（正面）依樂高板造型組裝，中間留一裝時鐘機芯的洞。

2
（背面）注意連接處以積木再加強固定。

3
依現有樂高造型決定掛鉤的使用。

4
依現有樂高造型決定裝時鐘機芯洞的組裝方式。

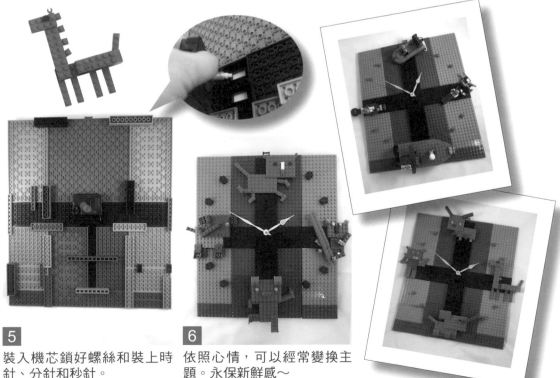

5
裝入機芯鎖好螺絲和裝上時針、分針和秒針。

6
依照心情，可以經常變換主題。永保新鮮感～

塑膠類 · 鐵鋁類 玻璃類 · 紙類容器

塑膠筒　　　　　　　保麗龍餐盤
提把塑膠筒　　　　　塑膠包裝盒
玻璃杯　　　　　　　飲料新鮮屋紙盒
玻璃罐
玻璃瓶
鋁罐
食品紙罐 · 硬盒
塑膠杯
紙杯

舊衣 · 布類

舊衣
布料
布類包、袋
襪子
布鞋
緞帶
鬆緊帶

紙類

衣襯等厚卡紙　　　　年曆
紙箱瓦楞紙　　　　　糖果紙
紙盒　　　　　　　　玻璃紙
色紙
色棉紙
貼紙 · 點點貼紙
背膠色紙
卡典西德
筆記本
廣告 · 雜誌 · DM

美勞繪畫用具
家庭修繕工具 · 黏著劑

油性麥克筆	透明漆
廣告顏料	金屬用透明漆
壓克力顏料	多次貼口紅膠
印臺	雙面膠
保麗龍膠	透明膠帶
環氧樹脂和硬化劑	防水布膠
黏土	布膠
白膠	廚房防油鋁板
披土	噴漆
白水泥 · 填縫泥	松香水
指甲油	

自然物

樹枝
樹葉
石頭
種子
蛋殼
乾燥花

生活收集品

LED 燈	學校勞作	手環夾片
提把燈	紀念品	票夾
燭台	玩偶	髮夾
時鐘機芯	玩具	髮箍
音樂盒	瓶蓋	項鍊
金屬線	樂高積木片	鑰匙圈
毛根	衣架	傘袋
磁磚	盤子	購物袋提繩
玻璃珠	資料夾	魔鬼氈
彩石	相框	黏扣帶
釦子	茶盤	
珠子	別針	

這樣做創意手作，孩子超有成就感

2017年10月初版　　　　　　　　　　　　　　　　定價：新臺幣270元
有著作權·翻印必究
Printed in Taiwan.

著　　者	汪	菁
叢書主編	黃　惠	鈴
叢書編輯	張　玟	婷
校　　對	趙　蓓	芬
整體設計	陳　淑	儀

出　版　者　聯經出版事業股份有限公司　　　總編輯　胡　金　倫
地　　　址　台北市基隆路一段180號4樓　　　總經理　陳　芝　宇
編輯部地址　台北市基隆路一段180號4樓　　　社　長　羅　國　俊
叢書主編電話　(02)87876242轉213　　　發行人　林　載　爵
台北聯經書房　台北市新生南路三段94號
電　　　話　(02)23620308
台中分公司　台中市北區崇德路一段198號
暨門市電話　(04)22312023
台中電子信箱　e-mail：linking2@ms42.hinet.net
郵政劃撥帳戶第0100559-3號
郵撥電話　(02)23620308
印　刷　者　文聯彩色製版有限公司
總　經　銷　聯合發行股份有限公司
發　行　所　新北市新店區寶橋路235巷6弄6號2樓
電　　　話　(02)29178022

行政院新聞局出版事業登記證局版臺業字第0130號

國家圖書館出版品預行編目資料

這樣做創意手作，孩子超有成就感/汪菁著．
初版．臺北市．聯經．2017年10月（民106年）．104面．
17×23公分）
ISBN　978-957-08-4988-2（平裝）

1.手工藝　2.創意

426　　　　　　　　　　　　　　　　　106013468